发现身边的科学
FAXIAN SHENBIAN DE KEXUE

会"出汗"的鸡蛋

王轶美　主编

贺杨　陈晓东　著　上电一中华"华光之翼"漫画工作室　绘

U0181742

中国纺织出版社有限公司

咚咚："妈妈，你今天做什么好吃的呀？"

妈妈："今天做美味又营养的西红柿炒鸡蛋吧！"

妈妈从冰箱拿出鸡蛋，打开第一个，蛋黄都散了。

妈妈："呀！这鸡蛋坏了，不能吃了！"

咚咚："妈妈，你怎么知道鸡蛋是坏的呀？"
妈妈："因为鸡蛋黄散了，不成形了。"
咚咚若有所思地看着。

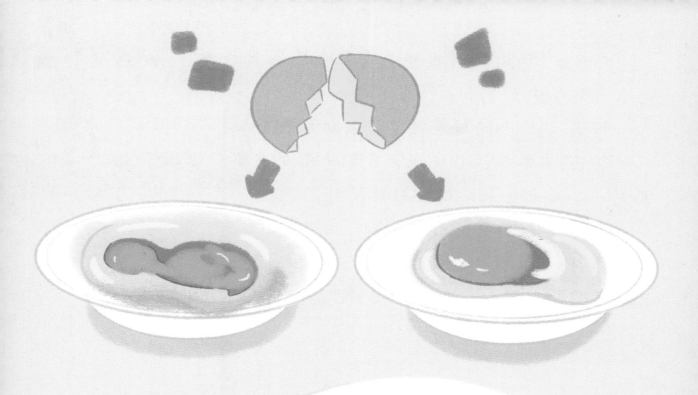

　　食物都有一定的保质期，保证在存放期间安全、可食用。鸡蛋是我们生活中经常食用的蛋白质食品，存放时会受到微生物、存放环境（温度、湿度），还有鸡蛋本身的结构和所含物质的影响。这些因素都会导致鸡蛋的变质。变质的鸡蛋通常表现为蛋黄不成形，蛋白液呈水状，有霉味、腐臭味等。

咚咚："妈妈，刚才那个鸡蛋在冰箱里放着，怎么就坏了呢？"

妈妈："这个问题可就要请教你的爸爸啦！"

爸爸："咚咚，老规矩，我们来做个实验一探究竟。今天老爸来给鸡蛋打针。"

咚咚："给鸡蛋打针？"

爸爸："别担心，我先用这个图钉给鸡蛋穿个孔。再用注射器把空气打进鸡蛋里。"

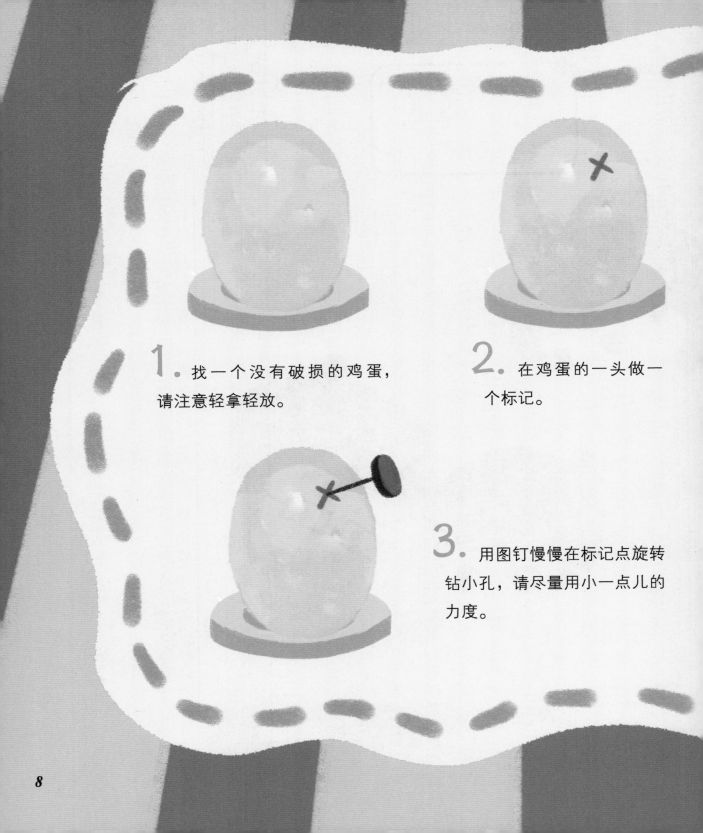

1. 找一个没有破损的鸡蛋，请注意轻拿轻放。

2. 在鸡蛋的一头做一个标记。

3. 用图钉慢慢在标记点旋转钻小孔，请尽量用小一点儿的力度。

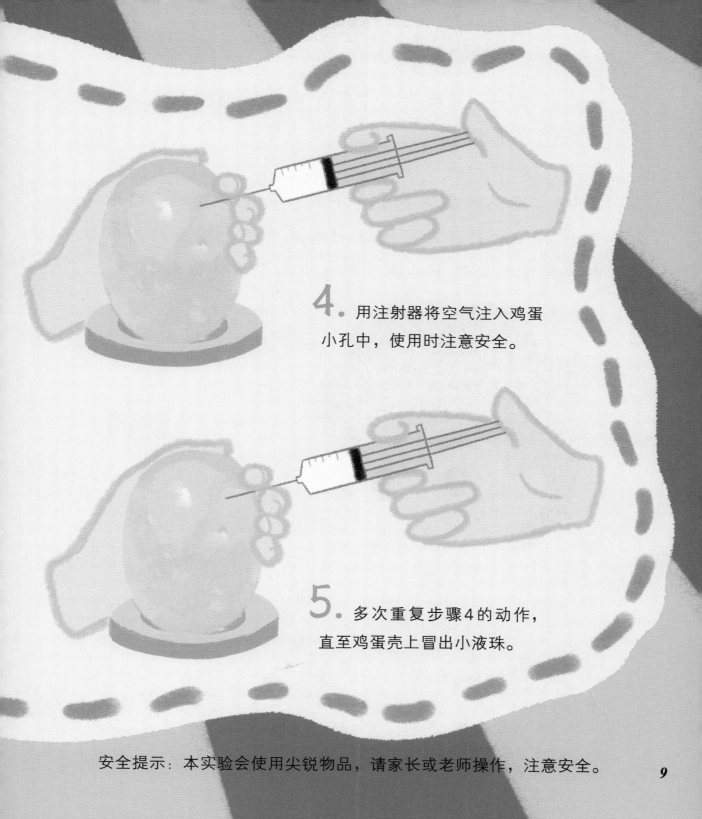

4. 用注射器将空气注入鸡蛋小孔中，使用时注意安全。

5. 多次重复步骤4的动作，直至鸡蛋壳上冒出小液珠。

安全提示：本实验会使用尖锐物品，请家长或老师操作，注意安全。

咚咚："妈妈，你快看，鸡蛋出了好多'汗'。"

妈妈："还真是。"

咚咚："这到底是为什么呢？"

妈妈："这说明鸡蛋壳上有小孔呀，但是我们肉眼看不到，当我们用注射器把空气注射到鸡蛋里，鸡蛋就撑不住了，所以蛋清就会像小水珠一样从小孔里被挤出来了。"

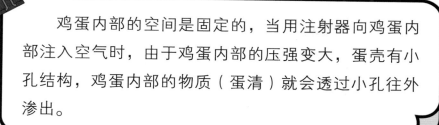

鸡蛋内部的空间是固定的，当用注射器向鸡蛋内部注入空气时，由于鸡蛋内部的压强变大，蛋壳有小孔结构，鸡蛋内部的物质（蛋清）就会透过小孔往外渗出。

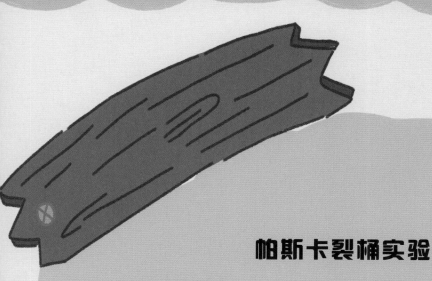

帕斯卡裂桶实验

法国的帕斯卡是一个从小就热爱学习、善于思考的大科学家，他发现扁的水管在插上水龙头通水后会变得圆鼓鼓的，根据这个现象，帕斯卡开展了液体压强的探究。1648年，他做了一个著名的实验：找一个装满水的密闭木桶，在桶盖上插一根细长的管子，然后从高处的阳台上向水管里灌水，结果，刚灌进几杯水后，底下的木桶就被水撑裂了。这个实验证明了液体压强与液体的深度有关，而与液体的质量和容器的形状无关，被人们称为"帕斯卡裂桶实验"。由于帕斯卡对科学做出了巨大贡献，为了纪念他，物理学中压强的单位就叫"帕斯卡"，简称"帕"。

咚咚："可是，鸡蛋壳上为什么会有小孔呢？"

爸爸："这些小孔是让鸡蛋孵化小鸡时进行呼吸的，但是如果鸡蛋放置太久，细菌也会从小孔进入到鸡蛋内部，使鸡蛋变质、散黄。"

咚咚："哦——原来是这样啊！那赶快把变质的鸡蛋都扔了吧！"

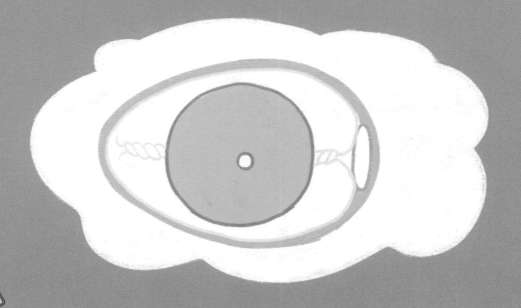

在鸡蛋刚形成还没受精前蛋黄只是一个卵细胞，当受精后它就是一个受精卵。而如果鸡蛋开始孵化，受精卵细胞要进行细胞分裂。鸡蛋的内部其实有着非常复杂的结构，蛋黄表面有一层很薄的膜，叫蛋黄膜，它是鸡蛋内部结构中最内层的保护结构。卵黄上有一个白色的小圆盘，它是由细胞核与一部分细胞质组成的，这就是胚盘。受精后，胚盘在一定条件下就能孵化出小鸡。

妈妈:"别着急,鸡蛋壳含有丰富的碳酸钙和一些微量元素,我们还可以用它来制作一个迷你'森林'。"

咚咚:"听上去好神奇啊!那我们开始制作吧!"

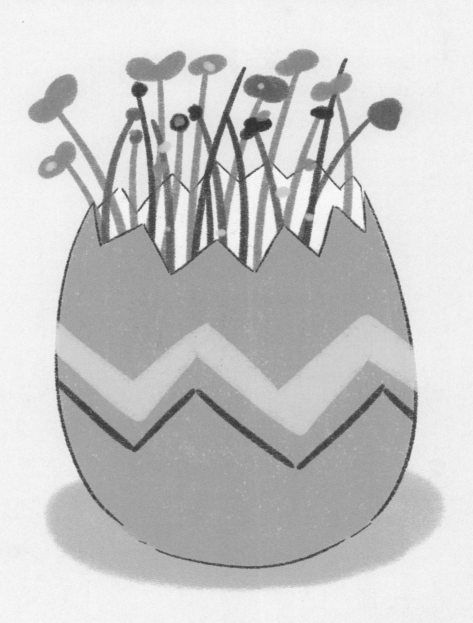

育苗器制作过程

1. 将鸡蛋壳放在开水中浸烫，进行杀菌，请注意安全。

2. 在鸡蛋壳底部扎些小孔，以便透气、流水，将鸡蛋壳置于鸡蛋托盘中。

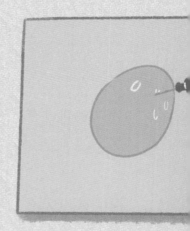

3. 在蛋壳内装营养土，撒上种子，浇适量水。

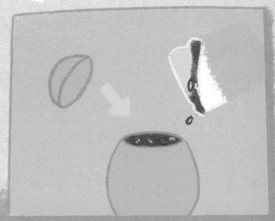

妈妈："这就是一个简单的育苗神器，我们把营养土加到里面，放些种子，一盆迷你盆栽就做好了，这一步由你来完成吧！"

咚咚："好！好期待种子发芽啊！"

鸡蛋壳上有天然的小孔，有一定的透气作用，同时，鸡蛋壳可以在土壤中慢慢降解，释放营养物质供植物生长。迷你"森林"可以摆放在桌面上，供孩子观察、学习。

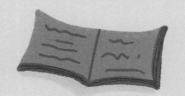

　　蛋壳表面看上去很光滑，但却拥有7000多个小孔，这些小孔满足了鸡蛋内部的生命活动。神奇的是鸡蛋浸入水中却不吸水，这是因为鸡蛋壳内部有一层膜，具有选择通过性，可以允许氧气和二氧化碳出入，但是不允许水分子自由出入。

　　用鸡蛋壳制作迷你"森林"时，这些小孔也为种子萌发提供了疏松的结构，让土壤和外界可以很好地进行气体交换。

请务必注意实验操作安全，儿童请在家长看护下操作。

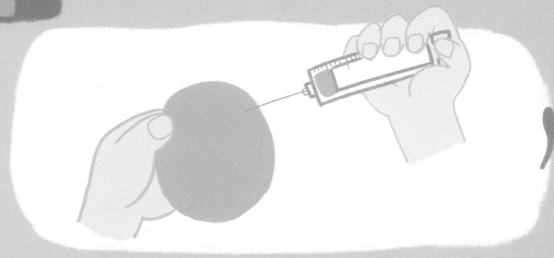

准备工具

一支针管   若干个空鸡蛋壳

一个新鲜的完整鸡蛋

绘图：查筱菲　王悦　余宛汹　潘晓燕　黄郁璇

扫一扫
观看实验视频

拓展与实践

1. 在家试试给鸡蛋"打针"吧！观察鸡蛋是否会"出汗"。

2. 试着做一个迷你"森林"吧！

图书在版编目（CIP）数据

发现身边的科学.会"出汗"的鸡蛋/王轶美主编；
贺杨，陈晓东著；上电－中华"华光之翼"漫画工作室绘
.－－北京：中国纺织出版社有限公司，2021.6
ISBN 978-7-5180-8347-3

Ⅰ.①发… Ⅱ.①王… ②贺… ③陈… ④上… Ⅲ.
①科学实验—少儿读物 Ⅳ.① N33-49

中国版本图书馆CIP数据核字（2021）第023326号

策划编辑：赵　天　　　特约编辑：李　媛
责任校对：高　涵　　　责任印制：储志伟　　　封面设计：张　坤

中国纺织出版社有限公司出版发行
地址：北京市朝阳区百子湾东里 A407 号楼　邮政编码：100124
销售电话：010—67004422　传真：010—87155801
http://www.c-textilep.com
中国纺织出版社天猫旗舰店
官方微博 http://weibo.com/2119887771
北京通天印刷有限责任公司印刷　各地新华书店经销
2021 年 6 月第 1 版第 1 次印刷
开本：710×1000　1/12　印张：24
字数：80 千字　定价：168.00 元（全 12 册）